ハッチョウトンボはどのようにして山を越えたのか

～ 生き残りを懸けた戦略 ～

島根県立浜田高等学校　自然科学部

川中美沙　竹内瞭依　佐々木瀬奈
原彩音　鈴木崚　渡部慶一郎

監修　平野　謙二（顧問）

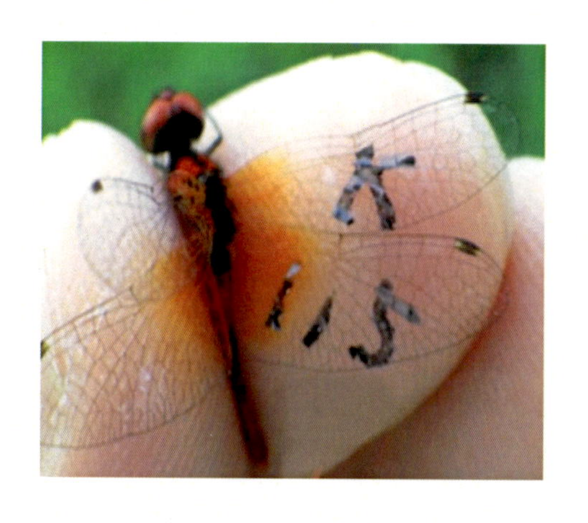

とうかしょぼう
櫂歌書房

目　次

1．はじめに

ハッチョウトンボはトンボ目トンボ科に属し、体長は約 1.8cm、日本一小さなトンボである。オスとメスは、色の違いと模様の違いで区別することができる。(図 1)

図１　ハッチョウトンボのオス（上）とメス（下）

日本では本州、四国、九州に局地的に分布しており、絶滅危惧種に指定している県がほとんどである。島根県でも絶滅危惧種Ⅱ類に指定されている貴重なトンボである。以後、このハッチョウトンボを「トンボ」と言う。

このトンボは、陽当たりが良く、1年中浅い湿地状態を保つ限定的な環境でなければ生息できない（図2、3）。近年、開発等によりこのような環境は失われつつあり、今後他県同様絶滅危惧種Ⅰ類に移行する可能性があると言われている。

図2　陽あたりの良い草地

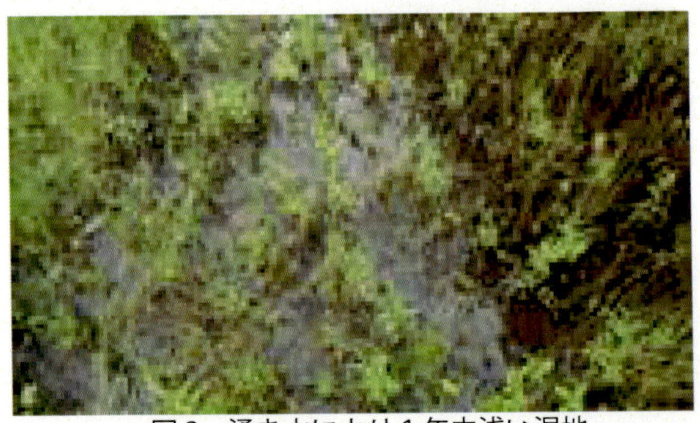

図3　湧き水により1年中浅い湿地

２．研究の動機

学校から 10km ほど離れた山あいの島根県浜田市金城町に、この貴重なトンボが生息していると知り、観察に出かけた (図 4) 。トンボのきれいな色と小ささに、愛着を感じるとともに、普通のトンボと飛び方が違うのにも驚いた。このトンボはヤンマ類のように自力で長時間飛翔することはなく、飛び上がってもすぐに草に降りてきてとまる。また、このトンボはあまり警戒心がなく、人が近づいてもすぐには逃げない。動きは他のトンボに比べてかなり緩慢である。

このトンボに愛着を感じた私たちは、トンボが地域の宝として生き続けてほしいと願い、このトンボについて知るため生態調査を 2013 年 ~2015 年にかけて行った。そして、小さくひ弱に思えるこのトンボがいかにしてこれまで生き残ってきたのかに興味をもつようになり、このトンボの移動について調べることで生き残りを懸けた彼らの戦略について考察することにした。

図 4　左円は休耕田、右円はトンボが発見された休耕田

3．研究の目的

一個体としてひ弱に思えるこのトンボがいかにしてこれまで生き残ってきたか、その戦略を解明すること目的として、今回は以下の2点について調査・研究を行った。

①生態調査（出現期間、生存期間、移動距離について）

②移動調査（いかにして山を越えるのか）

4．生態調査方法とその結果

〔調査方法〕

・生息地に5m四方の調査区を4カ所(A～D)設ける(図5)。

・夕方の一定時間内に調査区内に存在していたすべてのトンボを捕獲する。

・翅に標識(調査区記号、個体番号)を付し、同じ場所に放す(図6)。

・数日後、調査区内のトンボを捕獲し標識の付してある個体を記録し、未標識の個体には標識を付す。

この方法で雨天時を除き、2～4日毎に実施した。

2013年は39回、2014年は49回、2015年は47回実施した。

図5　生息地に設けられた調査区

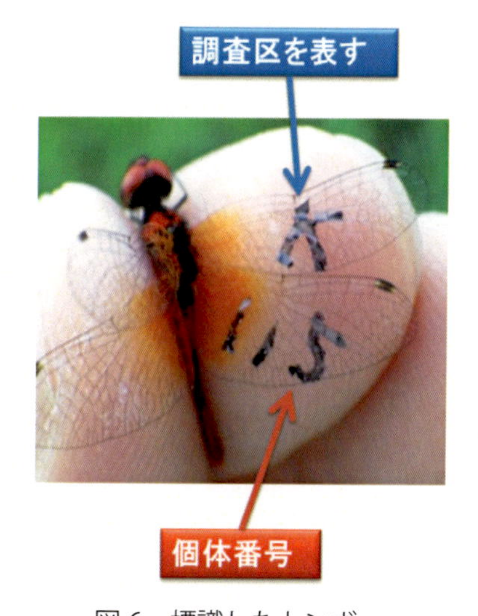

図6　標識したトンボ

〔調査結果〕

３年間の調査から、出現の期間は５月の中旬から９月の上旬、出現のピークは６月の中旬、生存日数の最大は 43 日間、移動した距離の最大は 472 ｍであった。(表 1) 標識した個体数は 2013 年が 381 個体、2014 年が 835 個体、今年は 1023 個体であった。

表 1.　島根県浜田市金城町におけるハッチョウトンボの生態調査結果

調査年	発生域間（消長）		生存期間	移動距離		
（標識個体数）	出現期間	出現のピーク	1個体の最長生存期間	移動した個体の最長距離	1日の移動距離の平均	1日の移動距離の最長
2013年(381個体)	5月下旬～9月上旬	6月下旬	23日間	123m	13.4m	38.1m
2014年(835個体)	5月中旬～9月上旬	6月中旬	43日間	458m	15.2m	54.0m
2015年(1023個体)	5月中旬～9月中旬	6月中旬	35日間	472m	29.6m	236m

※2015年の7月5日(日)の調査まで

5．移動調査とその結果

生態調査を始めた2013年、トンボの姿がそろそろ見られなくなる8月末に、山一つ隔てた休耕田にもこのトンボが生息していることを知った。その休耕田は3年前まで水田として使われていた。水田の環境下ではこのトンボは生息できないため、このトンボはここ3年の間にどこからか移動してきて棲みついたことになる。「では、このトンボはいったいどこから来たのだろうか？」

仮説①『この谷の奥にトンボが生息しており、南からの風に乗って休耕田にやって来た』

2013年の生態調査結果によれば、移動個体の最長距離は120mであり、調査地と休耕田を隔てている山は調査地との標高差が約60mである。自力で長時間飛翔することのないこのトンボが、60mもの標高差を自力で飛翔して乗り越え、休耕田までの直線距離370mを飛んでいく可能性は低いと考えていた。

そんな折、地元の方から「休耕田のある谷では奥の方から強い南風が吹く」という話を聞いた(図7)。そこで上記の仮説を立て翌2014年に谷の奥を調査したが、休耕田南側にごく小さな個体群が2つあるだけで、山を隔てた調査地のような大生息地は存在しなかった。現在この谷には3カ所しかこのトンボは見つかっていない(図8)。つまり、この谷の奥にはトンボの供給地はなく、この谷のトンボはどこか別の場所からやって来たことがわかった。

図７　谷の奥から吹く南風

図８　谷におけるトンボの生息地

仮説②『調査地から休耕田へ山を越えて移動した』

「ではいったいどこから？」そこで私たちは、自力で長時間飛翔しないこのトンボは、やはり山一つ向こうの調査地から移動してきたと考えほかないという結論に達し、上記仮説を設定した。

それを検証するため、2014 年の調査からは、調査地で標識した個体が休耕田に飛んでいるかどうか調査するようにした。そして、ついに調査地で標識した個体を山を越えた休耕田で2個体発見することに成功した。

さらに、2015年は調査地から休耕田に移動した個体を1個体、休耕田から調査地に移動した個体を7個体発見することに成功した(図9)。

周辺道路を調査してもトンボは見つからなかったので、このトンボが調査地から山裾を迂回して休耕田まで飛んできたとは考えにくい(図10)。そこで、実際にこの山を調査地側から休耕田まで歩いてみたが、山中にトンボの姿は見られなかった。また、居そうにもなかった(図11)。

図9　移動が確認された個体

図 10　山裾のトンボ調査

図 11

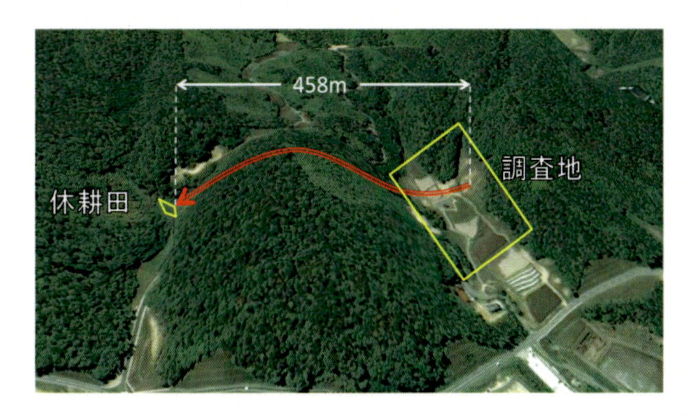

図 12　調査地から休耕田までの距離

以上よりトンボは一気に山を越えて移動したと推測した。その距離は 458m であった。

これだけ多くの個体がいろいろな時期にわたって移動したということは、偶然に飛ばされたとは考えにくい。自力で長時間飛翔しないトンボであり、移動には風を利用し、風に意図的に乗って移動するのではないかと考え、以下の仮説を立てた。

仮説③『トンボは、移動に風を利用しており、風に対して飛翔行動をとる』

上記仮説を確かめるため、図 13 のような装置を作り、トンボを竹串に固定して、毎秒 8.6 mの強い風を様々な方向から当て、トンボが飛翔行動を取るかどうか観察した。また、固定せずに風を当ててみる実験も行った。

その結果、どのような条件においても、強い風に対しては意図的に風に乗ろうとする飛翔行動は見られなかった。

風速が飛翔の条件に合わないのか、それとも飛翔しようとする内的欲求が不足しているためかは不明であった。

図 13　風洞実験装置

ところで、調査中、草に止まっているトンボに対して、横や上から息を吹きかけてみても飛ばなかったが、下から吹きかけると飛ぶことに気づいた。そこで、先の実験のような強い風には反応しないが、下からの弱い風には反応するのではないかと考え、次の仮説を立てた。

仮説④『移動には上昇気流を利用している』

上昇気流にはいろいろな種類があることが知られている(図14)。

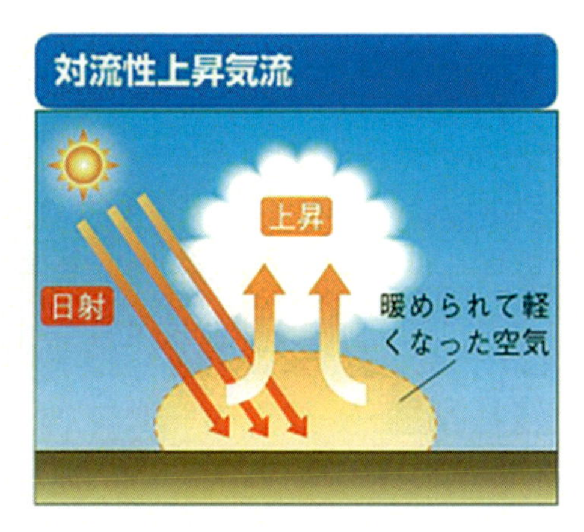

地形性上昇気流

気流などの影響で流れている空気が、山の
斜面に沿って強制的に上昇。

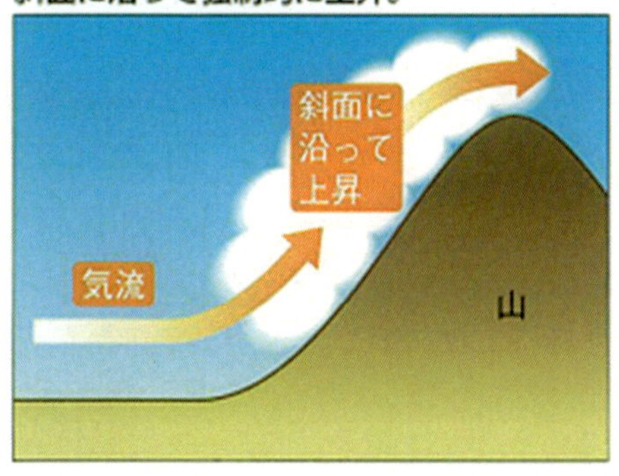

「プロが教える気象・天気図のすべてがわかる本
岩谷忠幸監修、ナツメ社」より転載

図14　さまざまな上昇気流

私たちは、強い日差しで暖められた空気が軽くなって上昇する際に横からの風が作用し、それにトンボが乗ったのではないかと考えた。それを実験で確かめるために、上昇気流の発生を再現する装置を作成した(図15)。白熱ライトを太陽の代わりとし、光を当てない場合煙は横に広がるだけで上昇しないが、光を当てた場合は、暖められた空気が上がっていき対流性の上昇気流を発生することが確かめられた。この上昇気流はゆっくりとした空気の動きである。

図15　上昇気流再現装

このトンボは人にはほとんど感じないようなわずかな空気の動きである対流性上昇気流を利用している可能性がある。事実、調査中トンボが突然いなくなるような飛び方をすることがあり、スーッと真上に上がるのを何度か見たことがある。

さらに、それに横風が加わることで山肌に沿って上空へ上がる場合もあると考えている。実際にトンボを使ってこの装置で実験をしたが、トンボに飛翔行動はみられなかった。風や上昇気流など外的要因のほかに、飛翔するためにはトンボ自身が飛ぼうとする内的欲求も満たす必要があるのかもしれない。

ところで、2015 年の調査では、休耕田で標識されたトンボが 2 日後に調査地で発見された。自力で長時間飛翔しないこのトンボが 2 日の間にこの山を越えたわけである。現地に設置した気象観測装置 (図 16) で得たこの 2 日間の気象データは以下のとおりである (表 2)。

図 16　気象観測装置

表 2. 気象観測データ (2015 年 6 月 11 日～ 13 日)

日表(1時間毎)		気象観測点		6/11～13					
	現地気圧	時間雨量	気温	湿度	風向・風速		最大瞬間風速		
	現地気圧	時間雨量	気温	湿度	風速	風向	風速	風向	天気
日時	hPa	mm	℃	%	m/s	16方位	m/s	16方位	
2015/06/11 16時	975.2	0.0)	23	93	0.2	東北東	1.4)	北東	曇
2015/06/11 17時	975.3	0	21.1	100	0	東北東	1	東北東	曇
2015/06/11 18時	974.9	0	21.7	100	0.2	東	1.6	東北東	曇
2015/06/11 19時	975.4	0	20.8	100	0.6	北西	1.1	北西	曇
2015/06/11 20時	975.5	0.0]	20.9	100	0.2	北	0.9]	北北西	雨
2015/06/11 21時	976	0.5	21.4	100	0.5	西北西	1.7	西	雨
2015/06/11 22時	976.3	0.5	21	100	0.3	北北西	4.4	西北西	曇
2015/06/11 23時	976.3	0	20.7	100	0.4	北北西	1.2	北北西	曇
2015/06/11 24時	976.1	0	20.7	100	0.1	東	1.4	北北東	雨
2015/06/12 01時	975.9	0	21.3	100	0.7	北	2.4	西北西	曇
2015/06/12 02時	975.7	0	21.2	100	0.3	北西	1.7	北	曇
2015/06/12 03時	975.7	0	21.6	100	0.7	西	2.8	西	曇
2015/06/12 04時	975.7	0	21.2	100	0.4	北	1.8	北東	曇
2015/06/12 05時	976.1	0	22.3	100	1.2	西	3.9	北東	曇
2015/06/12 06時	976.4	0	22.6	100	1.3	北西	3.3	西	曇
2015/06/12 07時	976.7	0	23.6	94	1.1	西北西	5.1	北西	曇
2015/06/12 08時	976.8	0	25	88	1.1	北西	3.1	東北東	曇
2015/06/12 09時	976.7	0	28.6	72	1	西北西	4.7	西	晴れ
2015/06/12 10時	976.6	0	29.8	60	1	北	3.5	東北東	晴れ
2015/06/12 11時	977.4	0	26.7	80	2.5	西南西	8.3	南南西	晴れ
2015/06/12 12時	977.7	0	29.1	59	2	西南西	6.1	南西	晴れ
2015/06/12 13時	977.4	0	29.9	48	1.7	西北西	5.9	南西	晴れ
2015/06/12 14時	977.4	0	31	36	2.1	西	6.4	南西	晴れ
2015/06/12 15時	977.6	0	31.3	33	1.6	西北西	5.1	南西	晴れ
2015/06/12 16時	977.9	0	30.4	32	1.9	西	5.8	南西	晴れ
2015/06/12 17時	978.3	0	30.7	35	0.7	西北西	3.4	西南西	晴れ
2015/06/12 18時	978.6	0	24.2	55	0.6	西	2.3	北	晴れ
2015/06/12 19時	***	0.0]	***	***	***	***	1.8]	北北東	晴れ
2015/06/12 20時	***	0.0]	***	***	***	***	1.2]	東北東	晴れ
2015/06/12 21時	***	***	***	***	***	***	***	***	曇
2015/06/12 22時	***	***	***	***	***	***	***	***	曇
2015/06/12 23時	***	***	***	***	***	***	***	***	曇
2015/06/12 24時	***	***	***	***	***	***	***	***	曇
2015/06/13 01時	***	***	***	***	***	***	***	***	曇
2015/06/13 02時	***	0.0]	***	***	***	***	0.0]	東北東	曇
2015/06/13 03時	***	***	***	***	***	***	***	***	曇
2015/06/13 04時	***	***	***	***	***	***	***	***	曇
2015/06/13 05時	***	***	***	***	***	***	***	***	曇
2015/06/13 06時	***	***	***	***	***	***	***	***	曇
2015/06/13 07時	***	***	***	***	***	***	***	***	曇
2015/06/13 08時	982	0.0]	26.7	71	0.1	東北東	0.4]	東北東	曇
2015/06/13 09時	981.7	0	25.7	75	0.2	東北東	1	東北東	晴れ
2015/06/13 10時	981.4	0	33	42	1.1	西南西	3.3	南西	晴れ
2015/06/13 11時	981.5	0	31.2	47	1.1	南西	3.7	南西	晴れ
2015/06/13 12時	981.6	0	31.2	50	1.8	西南西	3.5	西南西	曇
2015/06/13 13時	980.9	0	32.1	49	1.2	西南西	3.3	南西	晴れ
2015/06/13 14時	980.7	0	32.3	48	1.6	南	4.5	南西	晴れ
2015/06/13 15時	980.1	0	28.6	71	0.6	南西	2.2	南南西	曇
2015/06/13 16時	979.5	0	25.3	86	0.2	北	1	南西	曇
2015/06/13 17時	980.5	0	24.7	75	0.5	北北東	1.8	西	曇
2015/06/13 18時	980.5	0	23.3	90	0.2	北北東	0.8	北北東	曇

晴天の時間帯には、トンボが移動した東北東方向からの風が吹いていたことが確認された。2 日間のうち 1 日はよく晴れて気温も上がっていた。平均風速は 1 m、最大瞬間風速は 3.5 m / 秒であった。状況として、このトンボは対流性上昇気流と横風により山を越えることができた可能性がある。

表 3. 気象観測データ (東北等の風のみ)

日表(1時間毎)				6/11～13		
	気温	風向・風速		最大瞬間風速		
	気温	風速	風向	風速	風向	天気
日時	℃	m/s	16方位	m/s	16方位	
2015/06/11 16時	23	0.2	東北東	1.4)	北東	曇
2015/06/11 17時	21.1	0	東北東	1	東北東	曇
2015/06/11 18時	21.7	0.2	東	1.6	東北東	曇
2015/06/12 08時	25	1.1	北西	3.1	東北東	曇
2015/06/12 10時	29.8	1	北	3.5	東北東	晴れ
2015/06/12 20時	***	***	***	1.2]	東北東	晴れ
2015/06/13 02時	***	***	***	0.0]	東北東	曇
2015/06/13 08時	26.7	0.1	東北東	0.4]	東北東	曇
2015/06/13 09時	25.7	0.2	東北東	1	東北東	晴れ

図 17　トンボの移動方向 (東北東から)

6．飛翔能力実験とその結果

このトンボの飛翔能力がどのくらいかを検証するために、「フライトミル」という装置を作り、何もしないときと下から強い風を当てたときとでどのよう反応するかを調べることにした(図 18)。

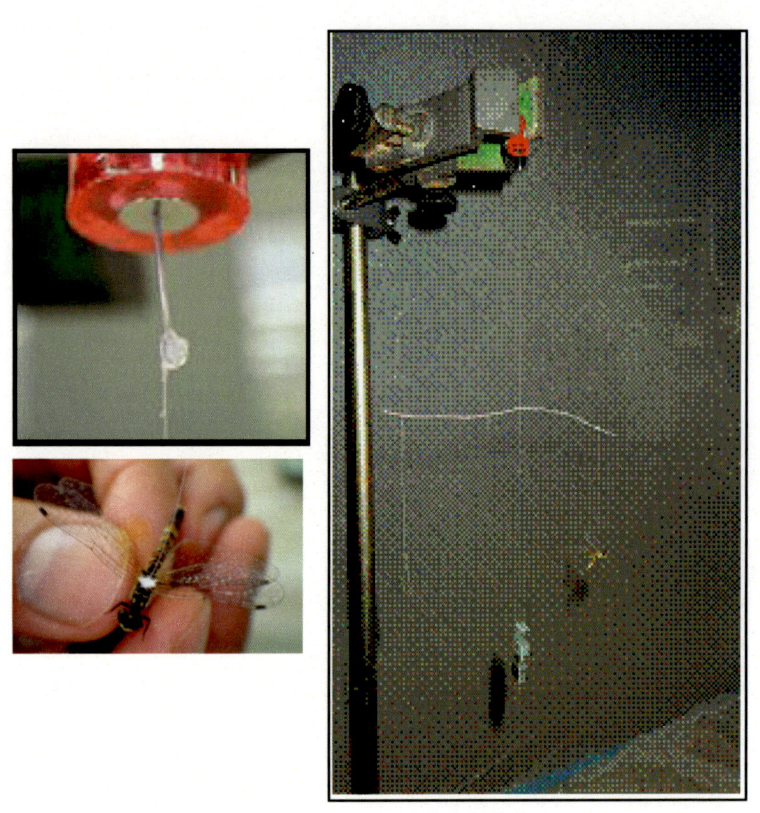

図 18　フライトミル飛翔実験装置

このトンボの体重は 0.02 g しかないため、反対側はセロハンテープの重さでバランスをとった。糸はテトロンゴースという細くて軽量な糸を使った。さらに、回転する際の抵抗を減らすためにホッチキスの針の先端を紙やすりで研いで鋭利にした。上の磁石はネオジウム磁石である。トンボの背中に無害な木工用ボンドでテトロンゴース繊維を付け、この装置に図のようにバランスをとってセットした。

何もしないとき、このトンボは１～２周しか飛ばなかった。シオカラトンボとハラビロトンボでも同様の実験を行ったが、このトンボとは違い力強い飛び方をした。

この実験により、このトンボが自力で長時間飛翔しないことが確かめられた。

次に、下から弱い風を当てた場合にトンボは飛翔動を取るだろうと予想し、整流装置を用いて風速０ｍから徐々に風速を数ｍまで上げる実験をした (図 19)。しかし、トンボは飛翔行動を取らなかった。

図 19　下から弱い風を当てる実験

ところが、下から手で扇 (あお) ぐと飛翔行動を取ることがわかった (図 20)。このときの風速は 0.1 ～ 0.2 m / 秒であった。さらに、横から手で扇ぎ、突然の弱い風を当ててみたところ、飛翔行動を取ることがわかった。トンボは下や横からの突然の弱い風に反応して飛翔行動をとることが推察された。

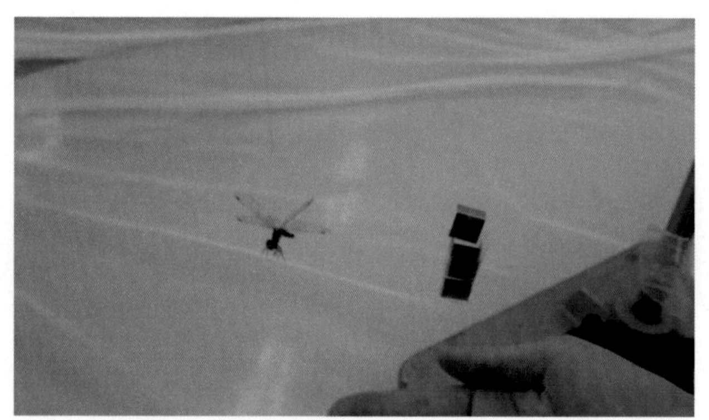

図 20　下から突然の弱い風を当てる実験

以上より、トンボの飛翔行動を誘発する刺激は単に風速というより風速の変化量にあるのではないかと考えているが、これに関しては現在のところ充分な実験データを得られておらず断定することはできない。来年の課題である。

7. 考察とまとめ

以上より、このトンボは、「下や横からの突然の弱い風に反応して飛翔行動を起こし、晴天下で暖められた空気による対流性上昇気流を利用して上昇し、上空で横からの風が作用することで長距離移動している」と私たちは推測している (図 21)。そして、横風を利用して山肌に沿って上空へ上がる地形性上昇気流を利用する場合もあると考えている。

また、オニヤンマとこのトンボについて、アスペクト比（AR）を算出してみると、オニヤンマが 4.5 に対し、ハッチョウトンボは 2.9 と小さい値となった。(図 22)。アスペクト比が小さいほど浮揚能力が大きいことが知られているため、ハッチョウトンボは、超軽量という特性と、翅の形状特性を併せもつことで、上昇気流のよ

うな わずかな空気の上昇をとらえて上空へと昇ることができるのであろう。上昇後は横風に乗って移動しながら、繁殖や生息に適した場所を見つけて降りていくことで分散していると推定する。仮にこのトンボが、風速 1 mの横風に乗れば、458 mの距離を 7 分半で越えることができ、風速 3.5 mの横風に乗れば、わずか 2 分余りで山を越えることができる計算となる。このトンボにとっては、山越え移動は実はいともたやすいことなのかもしれない。

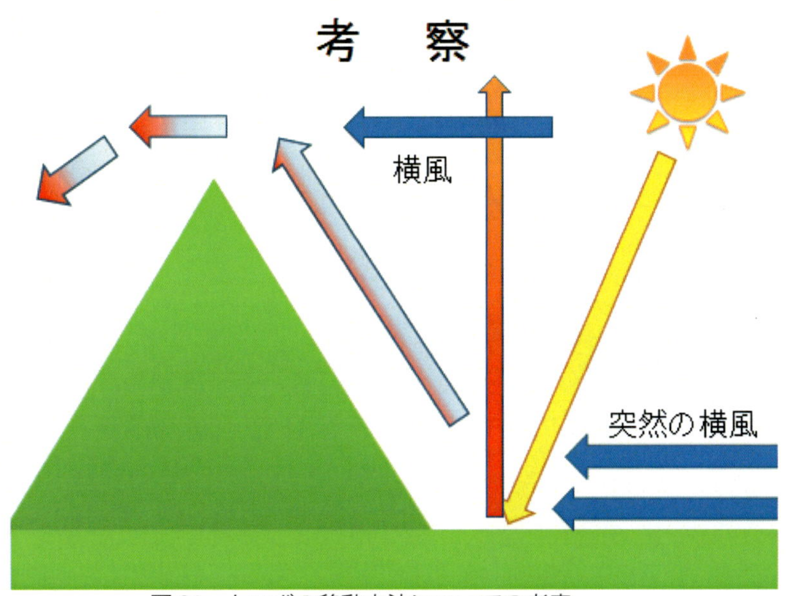

図 21　トンボの移動方法についての考察

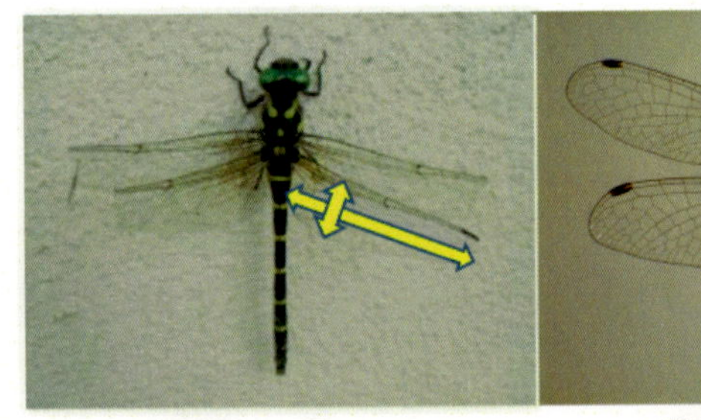

図 22　トンボの体長に対する翅の割合の比較

その昔、湯治場のあった調査地も、アカマツの幼木が点在し、湿地の乾燥化が進行中である。このまま遷移が進み、乾燥化が進めばこのトンボは生息できなくなるであろう。しかし、このトンボは小さく軽い体を風に乗せ、成熟し内的欲求が高まった時期に風を利用し、数多くの個体を拡散させて分布を広げ、これまでの種を保存してきたと考える。これこそが、このトンボの「生き残り懸けた戦略」ではないかと思う。

限られた環境でしか生息できないこのトンボであるが、実に逞しく生きていると言える (図 23)。

図23　ハッチョウトンボの生き残りを懸けた戦略

8．今後の展望

・飛翔行動に関する追実験
・環境 DNA 調査による生息地域調査及び系統解析のための遺伝子分析

9．参考文献

気象庁「過去の気象データ」
「中国・四国のトンボ図鑑」いかだ社
「湿地に生きるハッチョウトンボ」偕成社

10．謝　辞

調査方法等でアドバイスいただいた三瓶自然館サヒメルの皆木宏明学芸員、ハッチョウトンボ保存会会長の吉崎佳慶様、調査を快く承諾してくださった地権者の方々と浜田市、その他ご協力いただいた全ての方々に、この場を借りて感謝申し上げます。
※この研究は、科学技術振興機構「中高生の科学部活動振興プログラム」の助成を受けて行った。

部顧問のコメント

『ハッチョウトンボがつなぐ人の輪』

島根県立浜田高等学校　教諭　理科　平野謙二

本校自然科学部では、これまで地域に目を向け地域素材を活かすというテーマで研究に取り組んできました。本研究の他には石見畳ヶ浦のノジュールに関する研究なども行っています。地域素材に関する研究、すなわちローカルな題材による研究は取り組みやすく、生徒たちに地元である地域の良さを再認識させるのには有効です。本校のようにほとんどの生徒が地元を離れて進学していくような学校であるからこそ、このような調査研究をとおして地域の良さをしっかりと認識してほしいと考えます。

また、本研究の調査は、文字どおり泥にまみれながら日々コツコツとデータを取り、道無き山中の山越え等もして進めてきました。そのような苦労も今では生徒たちのよき想い出となっています。現在、本研究は地元の大人の方でつくる「ハッチョウトンボを守る会」に協力してトンボの保護活動へと進展しています。地元の小学校に出向いて貴重なハッチョウトンボの説明をする啓発活動や、保存会と協力した観察会の実施、保護について学ぶための先進地視察等々、活動の輪は広がっています。地元の小学生たちの活動も活発になりつつあり、今後の展開が楽しみです。生徒たちは自分たちの研究・保護活動によって地域の良さを知るだけでなく、地域の人たちとつながり認められ、必要とされ、役立ち感を得ながら活動を楽しんでいるようです。こういったことも、ローカルな調査研究の面白さのひとつではないでしょうか。

今後、この活動がどのように展開していくのか楽しみです。

部活動の感想

川中　美沙（かわなか　みさ）　２年　部長

私は１年の４月に自然科学部に入部しました。４月に行われた部活動紹介では、３年生の先輩が空気砲を使って自然科学部のＰＲをされましたが、その時は自然科学部に興味をもちませんでした。入りたい部活が無くて悩んでいるときに、なんとなく自然科学部の活動場所である生物実験室に立ち寄ってみると、先輩方が部活動をされていました。人と人との距離感や、おっとりとした空気に居心地の良さを感じて入部を決意しました。

入部すると、１年生のときからたくさんの大会に連れて行ってもらいました。自分と年の変わらない高校生たちが、大人顔負けの研究をしていたことに衝撃を受けました。当時の私は「自分にはこんなに難しい研究は無理だ」と思っていましたが、最近では「自分も難しくて素晴らしい研究をしたい」と思うようになりました。

来年で私は卒部をするので、集大成を最後の全国高等学校総合文化祭広島大会で出し切りたいです。

原　彩音（はら　あやね）　２年　副部長

私は浜田高校に入学した当初、自然科学部には入っていませんでした。生き物は好きだったので興味はありましたが、知り合いもおらず入部に踏み切れませんでした。しかし新しくできた友人が自然科学部員であったことからだんだんと興味がわき、１年の夏に入部することにしました。

夏、それはハッチョウトンボの研究が最も忙しい時期です。初めての調査で記録をつけるときに失敗しまくったことは良い想い出です。今でも時々思い出しては反省しています。入部したその日に初めての調査に行った私を驚かせたことがあります。標識のつけ方です。まさか生きているうちにトンボの羽にペンで字を書くことになるなんて！と衝撃でした。また、たくさんの学会や発表会への参加はとても良い経験になっています。うまく発表できなかったりと大変なときもありましたが、空いた時間に部員のみんなと楽しい時間を過ごし、研究面でも、高校生活という面でもとても充実しています。この部に入って本当によかったと思っています。

竹内　瞭依（たけうち　あきよ）　２年

入部するまで、私はハッチョウトンボの存在を知りませんでした。ましてや、絶滅危惧種であること、日本一小さいことなど、何一つとして知りませんでした。

初めて調査に行ったとき、調査地のあまりの近さとハッチョウトンボの小ささ、そしてハッチョウトンボの鮮やかな羽の色に驚きました。オスの夕焼けのような赤さと、メスのきれいな黄色と茶色の縞模様の独特さに目を奪われました。そして、調査を重ね研究に携わっていくうちに様々な疑問が生まれ、研究にのめり込むようになりました。一般的なトンボの飛び方と比べハッチョウトンボはとても特徴的な点が多々あり、それを科学的にどう表すかということに悩んだりもしました。このように研究漬けである一方で、学会等にたくさん行ったのはいい想い出と経験になりました。他県を巡り食べたご飯は絶品でした。広島で食べたお好み焼きはボリューム満点、野菜たっぷりでとても美味しかったです。お好み焼きは一枚食べただけで満足感が得られるので、素晴らしいです。自然科学部で経験したことはいつになっても記憶に残り続けると思います。

佐々木　瀬奈（ささき　せな）　2年

私は、中学の時に部活動をすることがとても辛かったので、高校では部活動には入らないでおこうと最初は思っていました。しばらく経って、声をかけてきたのが自然科学部に先に入部していた2人でした。2人は自分たちが所属している自然科学部に私を誘ってくれたのです。最初は乗り気ではなかった私にも紆余曲折があり、2人の熱烈な歓迎と先輩の人柄によって私は自然科学部に入部することになりました。個性的な先輩や同輩に囲まれてのびのびと部活動を続けています。

自然科学部に入ってから友人を作れたり、自然科学部の成果や活動で自分にできることが増えました。学会で様々なところへ行くのはとても楽しく、学会で発表されていることを学んだり、その土地の食べ物を食べることはすごくためになったと思います。たいへんなこともたくさんあるけれど、自然科学部に入部してよかったなと思っています。

鈴木　崚（すずき　りょう）　2年

私が自然科学部に所属するようになったのは、高校1年生の12月からでした。最初、私の自然科学に対する興味は薄く、学校で習う教科のうちの一つという印象でした。だんだんと部の活動に参加するようになって、ハッチョウトンボがすごい生き物なのだということを知りました。

私が一番はじめに驚いたのはその体の小ささです。というのも、ハッチョウトンボの体長は一円玉の直径とほとんど等しいのです。私が持っていたハッチョウトンボのイメージというは、ハッチョウという名前から、愛知県が原産地のシオカラトンボのようなトンボだったからです。調査地が家に近いということもあって、ハッチョウトンボに対する親近感もわきました。また、ハッチョウトンボの研究発表のために発表会に参加することで、他のすごい研究を知ることもできました。自然科学部に入って、今まで知らなかったたくさんのことを学ぶことができました。この部に入ってよかったなと思います。

角島　里実（かどしま　さとみ）　1年

私は3学期の2月に自然科学部に入部しました。唯一の1年生です。

私はハッチョウトンボについて研究していた先輩方がかっこいいなと思いました。トンボの環境や住んでいる場所など、様々なデータ資料を自分たちの力で分析、考察して研究を進めておられる熱心な姿にとても感動しました。それが自然科学部に入部した理由です。初めは研究の内容も分からず不安でいっぱいでしたが、楽しい先輩たちに囲まれて今は入って良かったと思っています。
3月6日、ハッチョウトンボの活動で地元の小学生と一緒に、このトンボについて発表をしました。トンボを守る活動に自分も貢献できて嬉しかったです。また、地域の方とのつながりを感じることもできました。今後、自然科学部としてニホンミツバチを飼育する可能性があると聞いて、ぜひ研究したいと思っています。現在は未だどんなことをするのか決まっていませんが、情報を得ながら先生や先輩の経験も参考にして、少しずつですが一生懸命頑張って研究してみたいと思います。高校の文化祭ではサイエンスショーをするとも聞いています。みんなを笑顔にしてあげられるサイエンスショーをお見せしたいです。

故渡辺慶一郎くんについて

平成 27 年の春、新入部員を勧誘しに放課後 1 年生教室に行きました。すると、理数科の教室に男子生徒が 1 人いました。私たちが声をかけてみると、彼は「自然科学部に興味が有るから見学に行くつもりだ」と言ってくれとても嬉しかったです。そして彼は自然科学部に入部しました。それが、昨年 10 月 3 日に急逝した渡辺慶一郎くんでした。彼と私たちは一緒に調査に出かけたり、データ処理をしたりしました。彼が 1 度だけ放課後に野球の試合を家族と見に行くため、部活動を休むと嬉しそうに話していたことを今でも覚えています。自然科学部は部員が少ないので、いつも部活動に来てくれる彼のおかげで毎日の作業がとても楽しかったです。渡部くんは真剣に部活をしていたため、私は彼と些細なことで考えがよく対立しました。でも、先輩にもしっかりと自分の意見をぶつけられるところが彼の素晴らしいところだと私は思いました。近い将来、部長として自然科学部を支えてくれると思っていましたので、悲しくて残念でたまりません。私たちは今後も渡辺慶一郎くんのことを決して忘れません。

3 月 12 日、渡部くんのご両親が学校にくださったご寄付の一部を使ってウメの苗木を植樹しました。渡部くんのお父様も手伝ってくださいました。このウメの木は今後自然科学部が行う「生物季節観測」の標本木になります。毎春ごとに咲く可憐な白い花は、私たちに渡辺慶一郎くんのことを想い出させてくれることでしょう。

サイエンスショー

私たちは、地元の公民館のお祭りで、地域の人たちや子供たちの前でサイエンスショーをしています。学校の文化祭でも自分たちと同じ高校生にサイエンスショーを披露しています。テーマは身近なものやテレビで見かけたことがあるなど、親近感を抱きやすいものを選ぶようにしています。行うときには、「どうしたら観客の人々の興味関心を引けるか」ということをいつも念頭に置くようにしています。また、サイエンスショーをとおして「笑顔」「オーバーリアクションをとる」「相手の年代に合わせて言葉を選ぶ（難しい言葉を使わない）」など、“見せ方”を学んできました。そして、「どうしてそうなったのか」という説明を、「興味を引くように」且つ「分かりやすく伝える」ことに何よりも気を配っています。説明の難しさに悩むこともありましたが、部員一同で相談しながら「この表現がいいのではないか」と解決してきました。サイエンスショーをとおして、少しでも多くの子供たちや大人、高校生の科学への興味を引き出すことを目標にがんばっています。

サイエンスショー

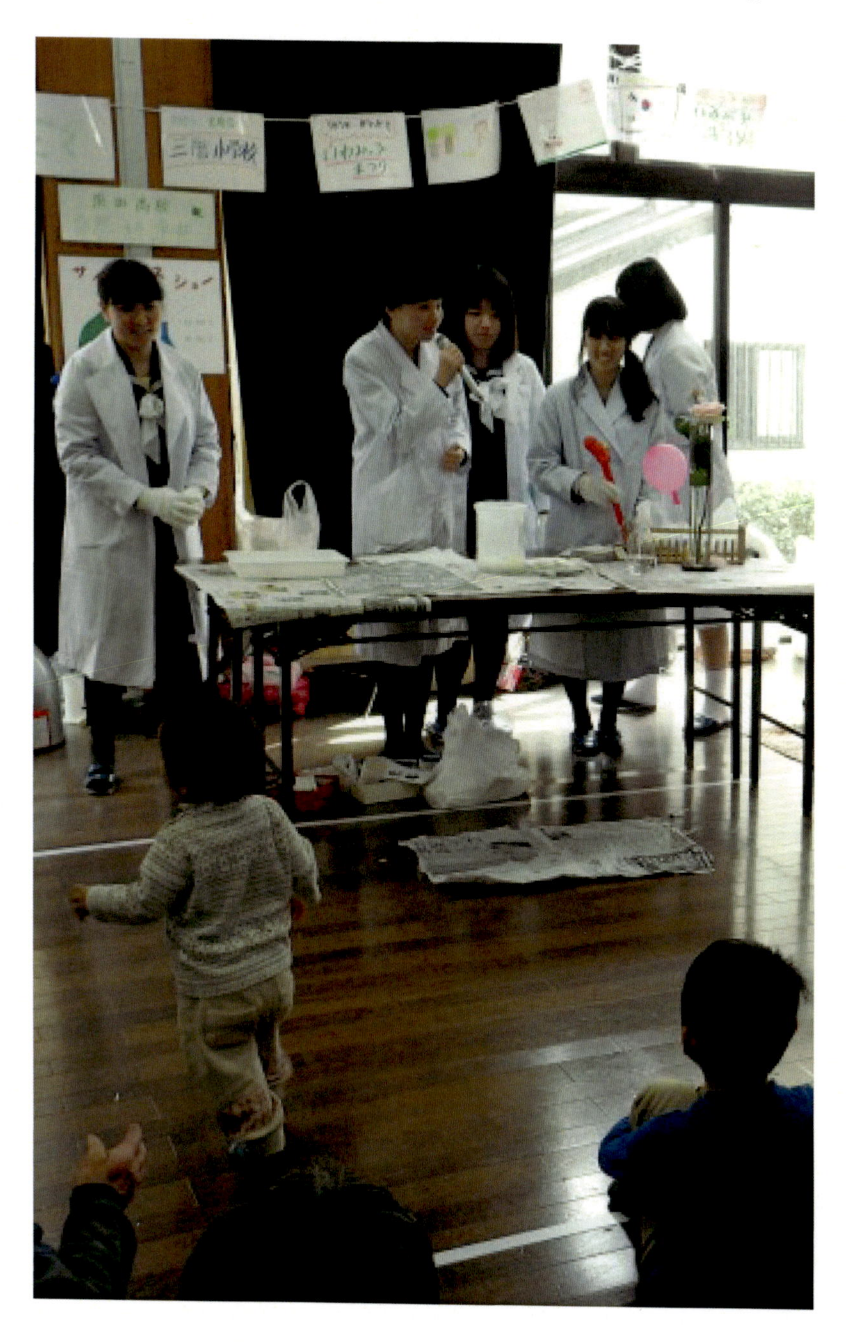

合宿について

私たちは2015年の5月末に学校にて初の合宿を行いました。合宿の目的は2つです。

ひとつはハッチョウトンボの羽化を見るため早朝に調査地に行きたかったからです。このトンボは午前中に活動が最も活発になると聞いていたので、その様子を観察したいと思ったのです。普段は学校が終わった放課後に調査に行っていたので、おとなしい様子しか見ることがありませんでした。また、昼前後の時間帯には産卵をすることが多く、それを確認できたらという思いもありました。もうひとつはトンボの山越えに関する調査を行うことです。このトンボが山中を通って山を越える可能性の検証として、実際に部員の有志が道無き山中の薮をかき分けかき分けトンボの有無を確認するため山登りをしました。前年の夏にも試みましたが、そのときはハチの襲撃に遭い断念した経緯があり、今回は二度目の挑戦でした。調査地を出発して方向を見失って元に戻ったりしながら、2時間かけて休耕田側になんとか山越えできたときには、着ていたカッパはズタズタのボロボロになっていました。無事目的は達成でき、ハッチョウトンボについての理解も深まったうえ研究も大きく前進しました。授業のあった金曜から土曜にかけての合宿で、朝は3時起きとめまぐるしく大変でしたが、楽しく実り多い合宿でした。

SOUTH FIELD.
NCIS
浜田高校生徒会(H24.8)

NCIS

ハッチョウトンボ観察会

去年2014年と今年2015年の夏、ハッチョウトンボ観察会が行われました。この観察会は「ハッチョウトンボを守る会」と地元公民館が主催するもので、生息地である地元の方々にこの貴重なハッチョウトンボのことを知ってもらうためのイベントです。私たちは、このトンボについて知ってもらうために自分たちの調査・研究結果を発表したり、来場者に配る団扇のデザインをしたり、チラシの絵を担当したりしました。当日は予想していたよりもたくさんの人が来てくれました。トンボの生息する休耕田には新しくきれいな橋が地元の方々の手によって作られていて、観察するのにとても便利でたいへん重宝しました。オスのハッチョウトンボはとても鮮やかな赤色をしていて、緑の草むらの中で発見しやすく観察も容易でしたが、メスのハッチョウトンボはきれいな黄色と黒の縞模様をしているため、緑の多い草むらの中ではちょうど隠れてしまって、見つけることができたときは歓声が上がったほどでした。私たち高校生は、来てくれた子どもたちに景品付きのスタンプラリー形式クイズで応対して観察を楽しんでもらいました。観察会では地域の方々がおにぎりを作ってくださったり、お茶を用意してくださったりと活気がありました。地元のお米のおにぎりと沢庵はとても美味しかったです。この観察会によって、地元の方々のハッチョウトンボに対する理解と愛着が深まって、みんなでこのトンボを保護しようとする気運が盛り上がることを願っています。

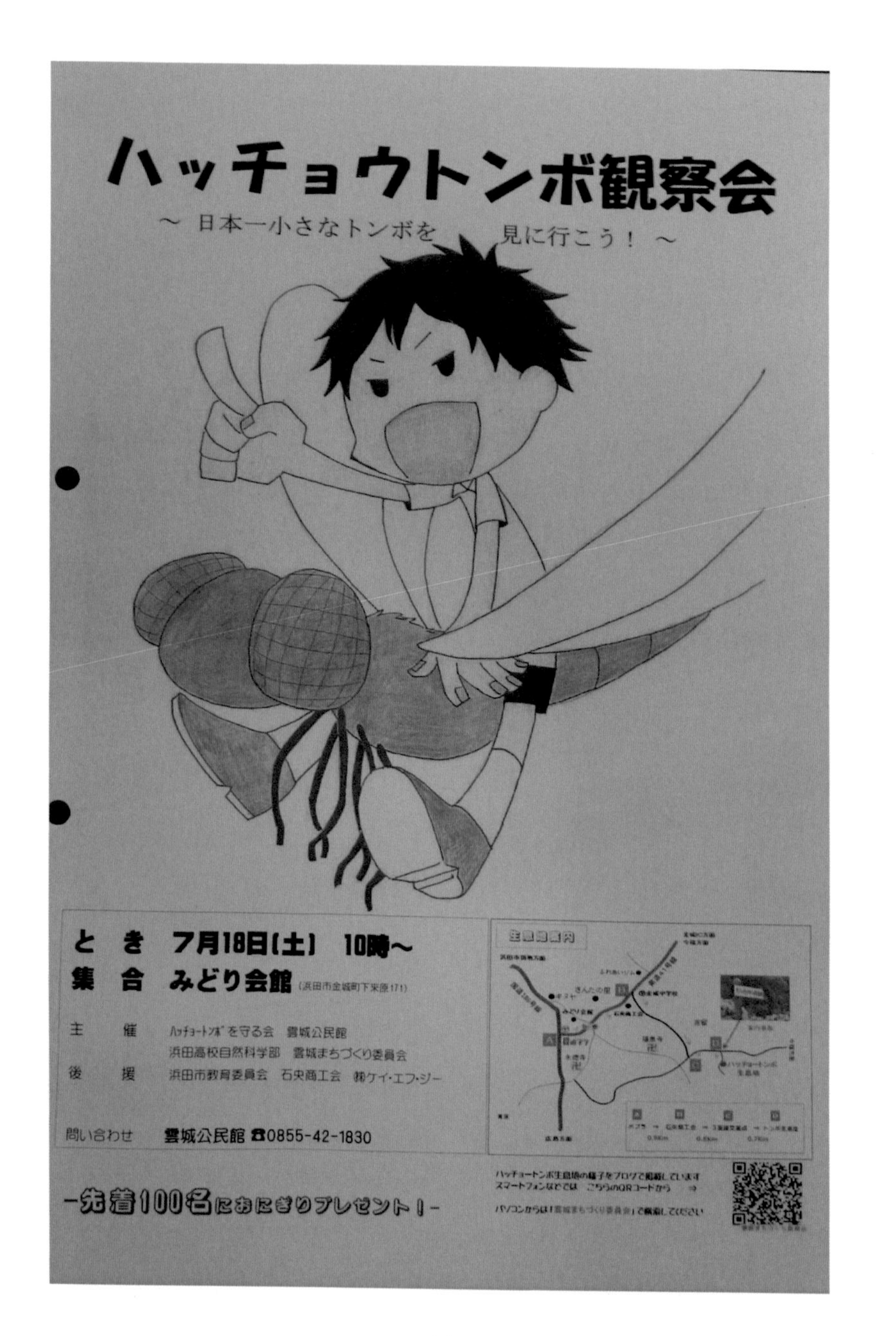
ハッチョウトンボ観察会
〜 日本一小さなトンボを　見に行こう！ 〜
と　き　7月18日(土)　10時〜
集　合　みどり会館（浜田市金城町下来原171）
主　催　ハッチョートンボを守る会　雲城公民館
浜田高校自然科学部　雲城まちづくり委員会
後　援　浜田市教育委員会　石央商工会　㈱ケイ・エフ・ジー
問い合わせ　雲城公民館 ☎0855-42-1830
スマートフォンなどでは　こちらのQRコードから　⇒
ー先着100名におにぎりプレゼント！ー

〈オス〉
〜赤い妖精〜
ハッチョウトンボ
〈メス〉
〈オスの幼体〉

「ハッチョウトンボ」は
地域の宝です
大切に見守りましょう！
生 息 地：浜田市金城町下来原地区
発生時期：5月下旬～9月上旬
絶滅危惧種(Ⅱ類)

ハッチョウトンボはどのようにして山を越えたのか
〜生き残りを懸けた戦略〜

印刷日　2016年4月　1日　初版　第1刷
発行日　2016年5月15日　初版　第1刷
監修　平野　謙二
著者　川中美沙　竹内瞭依　佐々木瀬奈
原彩音　鈴木崚　渡部慶一郎
発行者　東　保司

発行所　櫂歌書房

〒811-1365　福岡市南区皿山4丁目14-2
TEL 092-511-8111 ／ FAX 092-511-6641
E-mail: e@touka.com　http://www.touka.com

発売所　株式会社　星雲社
〒112-0012　東京都文京区大塚3-21-10